U0183474

R先生的甜品时间

[日]云田晴子 漫画

[日]福田里香 著

童桢清 译

食谱

新星出版社 NEW STAR PRESS

目 录

Recipe 1　　泡泡松饼和草莓浓汤 / 4

Recipe 2　　烤棉花糖（烤箱版）/ 8

Recipe 3　　天使美伦格酥饼 / 12

Recipe 4　　西瓜和马苏里拉奶酪的夏日沙拉 / 16

Recipe 5　　桑格利亚水果酒冰棍 / 20

Recipe 6　　开放式苹果三明治 / 24

Recipe 7　　安纳芋的黄油格雷派 / 28

Recipe 8　　玫瑰蛋糕花环 / 32

Recipe 9　　白巧克力的桃色蒙迪安 / 36

Recipe 10　维多利亚夹层蛋糕 / 40

Recipe 11　油炸糯米丸子和甜酒汤 / 44

Recipe 12　无蛋配方的素食煎饼 / 48

Recipe 13　三种养生梅子糖浆的豪华夏日刨冰 / 52

Recipe 14　冰镇青豆甜汤配寒天 / 56

Recipe 15　帕玛森奶酪和柠檬风味的蒸蛋糕 / 60

Recipe 16　焦脆桃子酥 / 64

Recipe 17　玉米浓汤冰激凌配半熟蛋 / 68

Recipe 18　栗蓉饭团便当 / 72

Recipe 19　塔希提双层椰子布丁 / 76

Recipe 20　清蒸萝卜配咖喱蘸酱 / 80

Recipe 21　自制黑布朗果干和布列塔尼法荷蛋糕 / 84

Recipe 22   周末的柠檬蛋糕 / 88

Recipe 23   车厘子和哈密瓜的水果三明治 / 92

Recipe 24   来自北欧的德罗姆费卡曲奇 / 96

Recipe 25   生姜糖浆风味的杏仁豆腐 / 100

R 先生的台湾补货之旅 / 104

R 先生的台湾购物清单   报告 by K 君 / 114

R 先生的角色设定笔记 / 116

K 君的角色设定笔记 / 117

R 先生的烹饪笔记 / 118

本书食谱中的规格

· 1 茶匙指的是 5 毫升。1 汤匙指的是 15 毫升。1 量杯（液体）指的是 200 毫升。一小
  撮大致是用大拇指、食指、中指的指尖抓取的量。

· 糖：除非食谱中有特别标注，请选取个人喜好的品牌。

· 盐：书中食谱在制作时使用的是天然盐，实际操作时请根据个人情况选择。

· 食用油、油炸用油：请用没有特殊气味的菜籽油、玉米油、色拉油等。

· 奶油：除非食谱中有特别标注，请按照个人喜好的乳脂含量选择相应的产品。

· 烤箱：书中食谱在制作时使用功率为 1.4 千瓦的电烤箱。不同热源和种类的烤箱在烤
  制时表现不同，请参考食谱中的数值，适当调整烤制温度和时间。

· 书中加热的火力以燃气灶为参考标准。如果是用电磁灶台，请参照厨具的具体说明。

· 书中所用鸡蛋为中号大小，每个重量约为 50 克。

· 食谱中的食材重量均以厨房电子秤的计数为标准。

＊ 本书部分内容首次刊载于《CREA》2016 年 5、6 月刊，8—12 月刊；2017 年 1—11 月刊；2018 年 1—8·9 月刊，
  略有调整和修改，其余内容为首次出版。

Popover with Strawberry Soup

我再来做个草莓奶昔吧。

当然是用冷冻草莓。

捣一捣

捣一捣 捣一捣

捣一捣 捣一捣

如此粗犷

我这次做了很多，K君你也吃点。

YES！

热腾腾

热腾腾 好啦。♡

看，都烤热腾腾

哇——

热腾腾

热腾腾

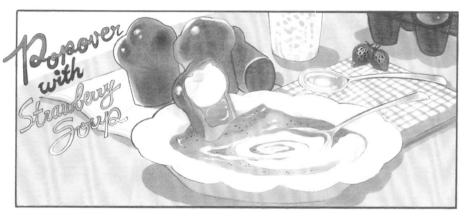

Popover with Strawberry Soup

这里还有哦

这究竟是做了多少！

满满的春天气息。摆盘也有品位。

好可爱！颜色也好看！

喂？！

没有吧？！

说话真不中听！我有没品位的时候吗？

对不起……

5

Recipe1 泡泡松饼和草莓浓汤

I'm a bit peckish![†] 初次见面，我是甜品研究家 R。我主要的工作是编写甜品的食谱书，给杂志写文章，也会根据客户需求提供定制蛋糕之类的甜品外包服务。我和助手 K 两个人每天都在一起开心地工作。对了，你喜欢甜品吗？我多少算是喜欢的，K 君才是格外热爱甜品。别看我俩都是男性，在工作中总是在做甜品。

Popover（泡泡松饼）这款甜品很适合作为一饱口福的轻食。只需混合面粉和蛋液，面糊在烤制的时候会鼓胀起来，里面裂开形成空心，就像它的名字——泡泡松饼。不管是新手还是老手，制作过程都相当有趣。泡泡松饼通常会搭配浓汤或者炖菜，配甜食也非常美味。

非温室栽培的草莓价格便宜，一次多买一点。买回来后切块放进冰箱冷冻，方便以后使用。只需将草莓扔进榨汁机，就有了一道清凉的快手甜品草莓浓汤。

看起来不像浓汤？没事，拿勺子轻轻地搅一搅，草莓浓汤便融化在奶油里，呈现出大理石般的纹理。搭配刚出炉的泡泡松饼，一冷一热，口感层次丰富。一定要试试。

† 意为：我有点饿了！（译注，下同）

1 做泡泡松饼。在干净的盆中放入低筋面粉和盐，用搅拌器混合均匀。

2 将牛奶放进微波炉，加热到和人的体温差不多的温度，加入打散后的蛋液、融化的黄油，搅拌均匀。

3 将 2 缓缓倒入 1，同时用搅拌器轻轻搅拌，注意不要让面粉成团（b）。将面粉糊转移到有注入口的容器中，静置 10—15 分钟。

4 模具内侧抹一层油，放上烤架。模具和烤架一起放入预热到 220 摄氏度的烤箱。

5 取出烤架和模具，每个模子里注入稍高于模子深度一半量的 3（c）。放进烤箱，以 220 摄氏度烤制 20 分钟，再转至 180 摄氏度烤制 15 分钟。烤制结束后，在烤箱内静置 5—10 分钟，这样松饼不容易塌陷。

6 做草莓浓汤。将冷冻的草莓块和糖放进榨汁机，加入 80 毫升牛奶，打到质地绵稠。如果榨汁机的刀刃比较钝，可以稍微增加牛奶的量，但是不要超过 150 毫升。（e）

7 食器里放入 5 和 6，配上打发的鲜奶油。在热乎的泡泡松饼里填满奶油夹心。

* 如果没有专门做泡泡松饼的模具，可以用布丁模具或是锡箔纸的杯子模具替代。

材料 （可做直径 5 厘米的泡泡松饼约 12 个）

· 松饼（a）
低筋面粉：150 克
盐：1/4 茶匙
鸡蛋（室温）：2 个
牛奶：250 毫升
融化后的黄油：2 茶匙（8 克）

· 草莓浓汤
冷冻草莓：1 袋（300 克）（d）
糖：3 汤匙
牛奶：80—150 毫升
奶油：100 毫升

a

b

c

d

e

Recipe 2 烤棉花糖（烤箱版）

Oven-baked S'mores

※锵——！

ちーん！

怎么了？

啊，没什么。

好想有一张这样的床垫……

暖烘烘

暖烘烘

令人放松

哇哇哇，颜色真好看！！

看起来松松软软啊……

是不是超级简单？

松松

蓬蓬

你真是很能吃甜食啊……

我这种老年人可受不了……

啊，这就喝起了葡萄酒。

咽

唔！

一大口

一大口

一大口

好好吃啊。

趁热配着面包一块吃。

とろり

※融化

9

Recipe2 **烤棉花糖（烤箱版）**

　　山野披上了绿衣，到了适合爬山的季节了。今天的甜品是烤棉花糖。据说烤棉花糖的出现可以追溯到女童子军†诞生时期。在美国，烤棉花糖是露营必吃的零食。回想起来，很多年前，我在参加男童子军的夏日露营时也吃过。

　　这道甜品最传统的吃法是把棉花糖串在木棍上，放在篝火上烤到焦黄，吃的时候和巧克力一起夹在两片全麦饼干之间。不过我们用家里的烤箱也可以做得很美味。若是用欧包或者法棍切片来代替全麦饼干，一下子就成了一道成年人也会喜欢的别致甜品。

　　如果人数多的话，我会用大容量的法国土锅来做。只是我和K君两个人吃的话，用小的陶瓷圆盅就够了。根据需求很容易掌控量的多少。如果是用小烤箱，可以先把耐热容器放进烤箱预热一会儿后，再放入巧克力和棉花糖。棉花糖表面烤得焦脆，里面受热融化成甜蜜的岩浆。美味正如它的英文名"s'more"，意思是"give me some more"（我还要）。对，只有吃过的人才知道这是多么令人难以忘怀的味道。

材料 （5—6 人份）（a）

　　黑巧克力块：约 200 克

　　棉花糖：1 袋

　　喜欢的面包切片：适量（d）

1　在耐热容器的底部铺一层切碎的巧克力。（b）

2　将棉花糖铺在 1 上（c）。放进预热至 200 摄氏
　　度的烤箱，烤 15—20 分钟，直到棉花糖表面
　　呈金黄色。

*　烤棉花糖的同时，可以将面包片放在烤盘的空
　　余处，烤大约 5 分钟至面包表面稍微变焦。

3　吃的时候用勺子大方地挖一勺巧克力和棉花
　　糖，抹在热乎乎的面包片上。

† 1910年，在英国成立了首个
正式的女童子军组织（The Girl
Guides），随后在美国（The
Girl Scouts, 1912）等各国相
继出现了女童子军组织，10—
15岁的女孩可以参加。每个女
童子军团分为几个小队，由队
长们开会决定军团进行什么活
动。活动类型多种多样，但以
户外活动如远足、露营为主。

Recipe 3 天使美伦格酥饼

※ 轻松愉快

好欢快的旋律。

夏天当然要听轻快的萨尔萨舞曲呀，K君。

这是什么？

这是多米尼加的美伦格舞曲。

以前我经常出去跳舞呢。

您说的是哪个国家？

回想过去的时光，总是会有点感伤。

嘿嘿……

欸……是和师母吗？

是和师母吧？

哈哈哈哈

美伦格舞曲是甜蜜爱情的音乐哟。

老师，偶尔也给我透露一下您的过去嘛……

叮——

哎呀，烤好啦♪烤好啦

チーン

Winged Meringue

咔咔咔咔

好吃~

酥 酥 酥

一口咬下去……

所以您刚才在听美伦格舞曲啊……

美伦格！

脆脆 酥酥 脆脆

不要客气

用手掰开再吃哦。

嗯嗯嗯……

酱油腌的蛋黄和面包菜，还有白葡萄酒。

什么啊？

老师您在吃什么呢？

老师您今天究竟怎么了？

您是腌了蛋黄剩下那么多蛋白，才做了这道甜品吧。我算是明白了。

美伦格在烤箱里成形之前非常纤弱，需要烤很久。

如此脆弱，像爱情一样啊……

嘿嘿……

13

Recipe3 天使美伦格酥饼

　　干燥的晴朗日子最适合做美伦格酥饼了。机会难得，一定要多做一点。一边哼着歌一边做怎么样？别搞混了，美伦格舞曲（merengue）和美伦格酥饼（meringue）完全是两码事。美伦格酥饼是将蛋白加糖打发，再放进烤箱低温慢烤至水分完全挥发后成形的甜品。做美伦格酥饼，温度至关重要。温度控制在 80 摄氏度的话，最后成品颜色雪白，味道干净无杂味。100 摄氏度的话，酥饼从里到外都呈金黄色，吃起来有淡淡的焦糖香味。判断烤熟与否，只需用指尖轻轻地敲一敲酥饼，听到轻盈的响声就证明已经烤好了。响声似有似无，用"空幽"来形容手指触碰美伦格酥饼时的轻响再适合不过了。

　　我追求的美伦格酥饼，个头十足，体态丰满，气泡密布在两侧，带着金黄的颜色。有气泡的美伦格酥饼，吃到嘴里时脆脆的口感堪称绝妙。在放进烤箱前，我习惯像摆羽翼煎饺一样把每个酥饼尖挨在一起排列摆放。吃之前用手掰开的过程特别有趣。烤制前还可以撒一点食用薰衣草，添加一点风味。吃的时候也可以像上图里一样，加一点打发的奶油和用糖拌的水果，就成了一道巴甫洛娃蛋糕†。这个梦幻的搭配非常好吃。

† 巴甫洛娃蛋糕（Pavlova）以蛋白酥为基底，外酥内软，表面饰有水果和鲜奶油。在澳大利亚和新西兰广受欢迎。据说它是为纪念苏联芭蕾舞演员安娜·巴甫洛娃到访而制作的，因此得名。

1 将烤箱预热到100摄氏度。在烤盘里铺一层烘焙用纸。

2 碗里放入蛋白和一些盐。用手动搅拌器搅拌，等蛋白开始起大泡的时候，分三次加入细砂糖，继续搅拌，直到抬起搅拌器后蛋白成一个小小的尖角。再加入糖粉，用刮刀快速搅拌均匀。(a)

3 用大勺将 2 挖出来，每一块之间相隔 3 厘米排列在烤盘上部。排第二排的时候，要放在第一排的空隙处，这样可以和第一排连在一起。(b)用滤网将薰衣草细末均匀撒到美伦格上。

4 把 3 放入烤箱里烤 4—5 小时，让里面的水分完全挥发。(c)将剩余的美伦格酥饼放入装有干燥剂的密封容器里保存。

a

b

c

材料（可做宽 8 厘米的椭圆状酥饼
15—17 个）
冷藏后的蛋白：4 个鸡蛋的量
盐：一小撮
细砂糖：100 克
糖粉：100 克
切成碎末的薰衣草：1 小勺

Watermelon Mozzarella Salad

搅拌 搅拌 搅拌 搅拌 搅拌

※ 挤——

ぎゅう——

咚咚咚 咚咚咚

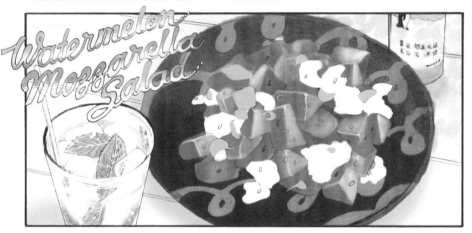

Watermelon Mozzarella Salad

咦，真难得。

软饮？

是用日本酒做的莫吉托。

嘻嘻

果然……

好吃 透心凉——

19岁

K君你快长到可以喝酒的年纪吧。

我可不想变成酒鬼。

Recipe4 西瓜和马苏里拉奶酪的夏日沙拉

夏日敬安。没想到今年夏天我状态还不错。K君一如既往每天都精神抖擞。高温天气导致身体很容易缺水，一定要记得多补充水分。不过一味地喝白水，有时反而会觉得浑身乏力。这种时候我会选择吃西瓜。西瓜百分之九十都是水分，西瓜汁里含有丰富的钾元素和维生素 A，利尿且有助于身体的新陈代谢。西瓜中的果糖成分可以帮助我们的身体快速从疲劳中恢复，简直是纯天然的能量饮料。

用西瓜做沙拉，可以进一步加强膳食平衡。用辣椒、盐和柠檬调味，再加入橄榄油、马苏里拉奶酪和薄荷，最后混合均匀。西瓜爽脆清凉的口感，遇上甜、辣、酸及奶香味，好吃得不得了。我食欲不振时，唯一能入口的就是这份沙拉。什么？沙拉不算甜品。哈哈哈。在炎炎夏日午后的困倦时间，来一杯冰凉透心的酒最适合不过了。这个沙拉配啤酒、莫吉托和烧酒 highball† 等冷饮都非常不错，当然算是"甜品"了。

† highball指用威士忌等烈酒为基酒加苏打水调制的鸡尾酒。烧酒highball以日本烧酒为基酒调制，是日本居酒屋常见的一种鸡尾酒。

1　将冰镇好的西瓜去皮，切成边长 3 厘米左右的方块。
　　用水果刀的尖端挑出能见的西瓜籽。（a）

*　如果西瓜冰镇的时间不够，可以将西瓜和盛放的容
　　器一起放入冰箱的冷冻库，冷冻 5—10 分钟。

2　将 1 放入干净的盆中（b），加入：橄榄油 1 汤匙、
　　柠檬汁、盐 1/4 茶匙、红辣椒圈，用木铲粗略拌匀。
　　（c）

3　将 2 盛入容器，加上用手撕碎的马苏里拉奶酪，
　　尝味。加入配方里剩下的盐。最后把余下的橄榄
　　油滴在马苏里拉奶酪上，撒上碎薄荷叶。

材料（2 人份）

西瓜：600 克（大约 1/6 个西瓜）

橄榄油 1+1/2 汤匙

柠檬（或者青柠）果汁：1/6 个柠檬量

盐：1/2 茶匙

红辣椒圈：两小撮

马苏里拉奶酪：2 个

薄荷叶：10 片

R 先生的日本酒菠萝莫吉托：取适量薄荷叶，
用手揉搓出香味，放入喝酒用的玻璃杯里。再加入
菠萝薄片，放入冰块，注入日本酒（d）。（喝的
时候用搅拌棒往杯底的方向碾压菠萝和薄荷叶，这
样风味更浓厚。用生酒†或者起泡酒也很不错。）

†生酒指在酿造和灌装过程中没有经过高温处理的日本酒。

Frozen White Sangria

看！

※ 沙

真好吃。

やっ！

冰棍！

其实是

用白葡萄酒做的哦。

给自己做的

庆祝你终于到了可以喝酒的年纪，应景吧？

←借地洗了个澡

後悔中…

ZZZ

工作量增加了啊。

没办法，谁叫你今天是寿星呢。

※ 后悔中

※ 沉沉睡去——

Recipe5 桑格利亚水果酒冰棍

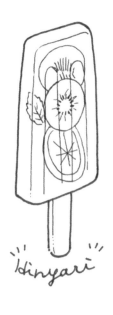

残夏敬安。离冰凉甜品的最佳食用季节结束还有一段时间。在这样闷热的天气里，大家是怎么解暑消热的呢？我是个刨冰的狂热爱好者。我对刨冰喜爱到每年夏天都恨不得借朋友的店门面摆个小摊。但是如果是在自己家里吃的话，我会选择冰棍。只需放入冰箱冷冻成形，非常简单，就连"料理小白"K君都能做。非常推荐。

想不想尝试一下成年人专属的酒味冰棍？葡萄酒里加入甜甜的蜂蜜、当季水果和香料，就能做出名为"桑格利亚"的酒。冰冻后的桑格利亚又是另一种风味。其中用白葡萄酒做基酒调制而成的桑格利亚又叫 blanc sangria，酒体颜色透明，配上水果一起冷冻做出来的冰棍色彩斑斓，好看极了。还可以用红葡萄酒或者是喝剩的酒来做。水果用自己喜欢吃的。不太喝酒的人，可以换成透明的葡萄果汁，也相当美味。

1 水果去皮，切成厚 5 毫米左右的薄片。猕猴桃片和柠檬片对半切开。

2 将 1 放入盆中，加入肉桂粉，混合均匀（a）。倒入蜂蜜和白葡萄酒，稍微搅拌一下，静置 10 分钟（b）。

3 用叉子挑出 2 中的水果，和薄荷叶一起放入冰棍模具。

4 将盆中剩下的葡萄酒混合液转移到有注水口的容器中，以方便倒出（c）。混合液倒入 3 的模具中直到装满。盖上盖子，插入冰棍专用的木棒，最后放入冷冻室冷冻半天（d）。吃之前可以提前拿出来稍微回一下温，方便脱模。

* 如果没有专门的冰棍模具，可以用玻璃杯、纸杯，或者洗干净的方形果汁纸盒（150—230 毫升）代替，冰棍木棒可以用一次性木筷代替。

材料（可做 50 毫升的冰棍 10 个）
白葡萄酒（或者是 100% 葡萄果汁）：300 毫升
蜂蜜：50 克
肉桂粉：1/5 茶匙
白桃：1/2 个
油桃：1/2 个
红李：2—3 个
猕猴桃（横切成圆片）：5 片
柠檬（横切成圆片）：5 片
薄荷叶：适量

※ 喂喂喂……

Tartine aux Pommes

※ 吓——　　※ 犀利的眼神

就不应该多嘴哇。

没、没什么。

你说什么？

SCRIBE
2016

不过，是应该稍微专一一点。

我以前不知道，原来苹果有这么多种类啊。

嗯

嗯

太，太好吃了。

难以置信

苹果的甜配上火腿的咸，和奶酪更是绝配。♡

是包！嘿嘿

第十个。

多吃点，多吃点

你吃第几个了？

※ 狼吞虎咽

Recipe6 开放式苹果三明治

　　熬过热到浑身无力的夏日，转眼就到了秋天，硕果累累的季节。说到秋天的水果，最近我在研究苹果，拉着 K 君一道买了好多种类的苹果做风味测评（a）。现在摆在超市货架上的苹果种类越来越多，令人兴奋。我个人推荐布拉姆利苹果、澳洲青苹这类加热后别有一番风味的品种。如果正好可以买到的话，不妨来做一个热乎乎的咸口甜品？

　　Tartine 一词指的是诸如欧包之类口感偏硬的面包切片后做成的开放式三明治。面包和苹果、火腿、奶酪的搭配本身已经很美味了。烤过之后，各种材料的味道就交织在一起，带来更丰富的味觉体验。让人吃了还想吃。不过，就算不用上面的品种，用市面上最常见的富士苹果或者玉林、红玉苹果来做，也能做得很好吃。加热后变得柔软的苹果，和平时当水果吃的时候的味道大有不同。大家一定要尝试一下。

　　这道甜品和咖啡很配，配白葡萄酒（b）、苹果酒也很不错。

1 将苹果洗干净，带皮切成宽约 5 毫米的薄片。
   用刷子在面包片上薄薄地刷一层橄榄油（c）。

2 把生火腿片放在 1 上，抹上粒状黄芥末酱，
   叠上切好的苹果片（d）。

3 在烤盘里铺好吸油纸，放上准备好的 2，以
   及足量的现磨格鲁耶尔干酪，最后撒上百里
   香和黑胡椒碎（e）。

4 将烤箱温度设为 200 摄氏度，烤至三明治表
   面的奶酪融化，开始出现焦色。这个过程要
   花 10—15 分钟。

材料（2 人份）

   苹果（中等大小）：1 个

   偏硬的面包（如欧包）：薄片 2 片

   橄榄油：适量

   生火腿：2 片

   粒状黄芥末酱：1 汤匙

   现磨格鲁耶尔干酪：两小撮

   百里香叶：适量

   黑胡椒碎：适量

* 没有格鲁耶尔干酪的话，可以用任何遇热会融化的奶酪代替。火腿和奶酪本身带有咸味，
   因此不需要加盐。

c

d

e

※哇！

K君，这里有烤红薯哦！

冷冰冰

わーっ！

欸？

老师，你是不是做了之后又忘记端出来……

……

你要吃吗？

昨天他们办运动会——

昨天隔壁的托儿所，订了很多烤红薯，多出来一个。

吃！

那我来对冷掉的红薯施一点魔法吧。♪

这个滤网，你会儿好好洗一下哦。

记得待会儿好好洗一下哦。

撒

撒

撒

遵命

面粉是需要费一点工夫

Sweet Potato Butter Galettes

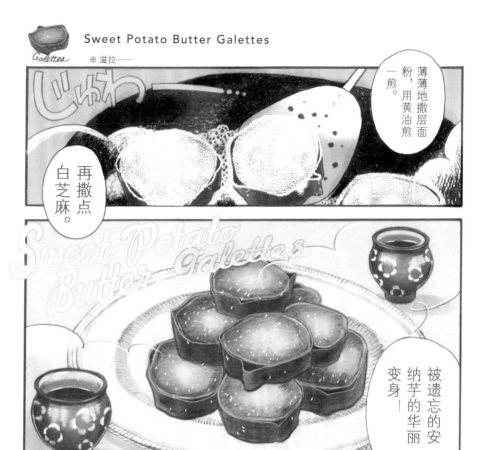

※ 滋拉——

薄薄地撒层面粉，用黄油煎一煎。

再撒点白芝麻。

被遗忘的安纳芋的华丽变身！

老师您刚才说了两种红薯……

别在意

来，喝口茶。

秋天呢，就要吃红薯、栗子、南瓜、安纳芋啊。♡

微笑

好甜，软软糯糯，像细腻的软软糯糯的红豆沙！

安纳芋

真——好吃啊

连皮都变酥脆了。好香——

※ 热腾腾

Recipe7 安纳芋的黄油格雷派

　　秋意渐浓的这个时节，如果不吃些温暖的食物，不是有点寂寞吗？用红薯做的甜品，富含膳食纤维和维生素 C。相信你一定会喜欢。

　　在日本有这样一个说法，女孩子喜欢吃的三样东西是红薯、栗子、南瓜。我一直觉得这句话里还要加上安纳芋（a)，也就是"红薯、栗子、南瓜、安纳芋"。读起来也挺顺口的吧？安纳芋特指产自鹿儿岛县种子岛的红薯品种，用它做的烤红薯甜度高，口感细腻，吃起来像在吃红薯派。安纳芋有独特的风味，所以我觉得它和一般红薯是两种东西。一整个安纳芋用烤箱烤熟后，横切成片，再放在平底锅里煎一煎，会变得表皮酥脆、中间软糯。两种不同口感的共存是这道甜品美味的关键。当然，像一般红薯那样烤着吃已经很好吃了。今天的这种做法是焦脆带着柔软，温暖又甜蜜，别有风味。

1 将安纳芋清洗干净。带皮放入预热至 200 摄氏度的烤箱，烤熟至能用竹签戳透的软硬程度，大约 40 分钟。

2 将 1 切成大约 1.5 厘米厚的圆片。将芋片平铺在一个大盘子里，用筛网在表面上薄薄地筛一层面粉（b）。

3 开中火，在平底煎锅里放入黄油。待黄油融化后，放入 2，煎至红薯片两面酥脆，表面呈金黄色即可（c）。

4 将 3 装盘，撒上白芝麻。

材料（2 人份）
安纳芋：1 个
低筋面粉：2 汤匙
黄油：2 汤匙
白芝麻：适量

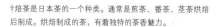

奈良产的焙茶† 是 R 先生的心头好。他会把茶叶装进一个叫作"茶袋"的小竹笼里，再放进烧开水的锅里煮，这样一天所需的茶就做好了。有着淡淡焦香味的焙茶与用红薯做成的甜品非常配。

†焙茶是日本茶的一个种类。通常是煎茶、番茶、茎茶烘焙后制成。烘焙制成的茶，有着独特的茶香魅力。

※ 哇哇哇

※ 好吃～～　好吃哇——

※（七嘴八舌）哇——好漂亮——好厉害——看起来好好吃！好棒——

※ 默默注视

※ 咚

Recipe8 **玫瑰蛋糕花环**

　　12月是蛋糕的天国。光是圣诞节蛋糕就有非常多的种类。从经济腾飞的昭和时代开始就有黄油奶油蛋糕、草莓裸蛋糕，后来又有了巧克力蛋糕、冰激凌蛋糕、戚风蛋糕，再有英式圣诞布丁、法国圣诞树干蛋糕，还有悄然流行起来的姜饼屋，因为朴素的外形而受到喜爱的德国圣诞蛋糕……嗯，每一种都让人难以割舍。

　　不过，如果是自己做的话，不知这款糖霜杯子蛋糕做成的玫瑰花环是否符合你的心意？蛋糕部分只需要简单地混合黄油和鸡蛋，却有着浓郁的风味。糖霜是人人都喜爱的柠檬奶油奶酪味。一口份的杯子蛋糕摆成花环形状，看起来清新可爱，一点也不输给外面店里摆着的精心装点的蛋糕。而且杯子蛋糕还省去了切分蛋糕的麻烦，方便亲朋好友分享食用。祝大家过一个开心好年。

材料 （可做直径 5.5 厘米的杯子蛋
糕约 30 个）

· **杯子蛋糕**

A ⎡ 低筋面粉：200 克
  | 细砂糖：250 克
  | 马铃薯粉：40 克
  | 泡打粉：2 茶匙
  ⎣ 盐：一小撮

无盐黄油（切成 1 厘米方块）：
220 克

牛奶：120 毫升

鸡蛋：3 个

香草荚（取籽）：3 厘米

· **糖霜**

奶油奶酪（室温）：400 克

糖粉：75 克

柠檬汁：2 茶匙

柠檬皮屑：1 茶匙

鼠尾草叶：适量

1 做蛋糕坯。取一个干净的盆，将 A 混合过筛。

2 取一个小的深锅，放入黄油和牛奶，小火熬制。用木铲
   不停搅拌直到黄油完全融化。黄油融化后，将锅端离热
   源，待黄油牛奶混合物冷却至 30 摄氏度左右。

3 另取一个盆，盆中打入鸡蛋，加香草籽，用打蛋器打散
   混合均匀。把盆的底部浸在 70 摄氏度的温水里，以保
   持蛋糕液的温度在 30 摄氏度。

4 向 1 中逐次少量加入 2 的黄油牛奶混合物，之后一点点
   加入 3 的混合物，倒入的同时用打蛋器持续搅拌。用勺
   子舀出混合好的蛋糕液，放入提前垫好纸膜的烤制模具
   中，每个模子里蛋糕液大概装到八分满。

5 将 4 放入预热至 180 摄氏度的烤箱，烤 23 分钟。待蛋
   糕完全冷却后，用刀把表面鼓起来的地方切掉（a）。

6 制作糖霜。取一个盆，将糖粉用滤网筛入其中。加入糖
   霜配方中的其余材料，用打蛋器搅拌至糖霜质地光滑。

7 奶油袋套上花嘴 * 后，把尾部开口的地方向外卷，让整
   个袋子立起来。装入 6（b）后，把尾部开口处系上皮筋
   封好。

8 从蛋糕中心往外画圈，挤出 7（c）。将杯子蛋糕放在盘
   子或盒子上，摆成最大直径为 30 厘米的两层花环。最
   后点缀上鼠尾草叶。

* 直径 1 厘米，六角的星形花嘴可以做出漂亮的玫瑰。

※ 剑拔弩张

还没。

A先生你呢？

K君，

你收到巧克力了吗？

※ 生气——　　※ 哎呀呀

你收到了吧？

女儿送了一个。

哼。

我气的是自己成了做巧克力的苦力。

你俩再怎么等，也不会有女孩子光临这里的。

巧克力的灵魂不是量，是爱啊♡。

放在暖器上的话，巧克力很容易就化了。

软，真的一下子就化了。

也不需要隔水加热，这样更省事省力。

豆知识！

注意不要把盆掉到地上哦♥　†较冷门但有用的小知识。

Pink Mendiant

帮我放在走廊里，那里冷。

下一个下一个

撒

撒

倒

Pink Mendiant

看，做好了！

我妻子从国外寄了酒过来。

※ 亲爱的，今年过年我不能回来，对不起。

とっぷり

叮——咚——

※ 夜深人静

赶快，帮我装进袋子里然后送到活动现场。

我可是摄影师！

不用了，谢谢。

你俩也喝一点？

瘫倒

Recipe9 白巧克力的桃色蒙迪安

　　冬天是一年之中各式巧克力轮番登场的季节。每年我都万分期待 2 月的到来。真庆幸情人节不是在夏天，万幸，万幸。

　　在众多的巧克力甜品里，我尤其钟爱法国的传统巧克力甜品蒙迪安（mendiant）。"蒙迪安"取自法语发音，这款甜品外形朴素，通常是黑巧克力里点缀着坚果和果干，颜色接近托钵修道士身着的深棕色长袍，大小刚好一口可以吃掉。如果换成白巧克力，以桃色食材点缀，就让人不禁联想到少女的碎花连衣裙，别有一番风情。味道更是不用说。关键是白巧克力要配上带酸味的果干，奶香搭配酸味堪称绝妙。就算不是像 K 君一样贪吃的人，也一样吃了一个还想吃第二个。用大托盘一次就能很简单地做一大块。如果是聚会场合，一定要一整块端上桌。一出场就能听到大家的欢呼，绝对很有成就感。送人的话，随意用手掰成适当大小，装进礼品袋里就是一份别致的小礼物（a）。

  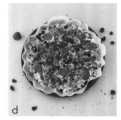

1　在托盘里铺上烘焙纸。用刀切碎开心果。

2　将巧克力掰碎后放入无水干净的盆中，再放入 60 摄氏度左右的温水中隔水加热融化，用硅胶刮刀搅拌均匀（c）。

3　将融化后的巧克力倒入 1 的托盘中。朝表面撒上配方中其余的材料（d）。草莓果干和树莓果干可以在撒的时候用手适当捏碎。放在走廊等通风阴凉的环境中，等待巧克力凝固。

*　食谱里写的材料不用都备齐，能备齐三四种就可以做出美味的蒙迪安。

材料　（相当于直径 30 厘米圆形托盘大小的一整块）

白巧克力（板状）：8 板
冷冻干燥的草莓果干：3 个
冷冻干燥的树莓果干：10 个
杏子果干：7 个
蓝莓果干：1 汤匙
蔓越莓果干：3 汤匙
开心果：30 粒
食用玫瑰碎：1 汤匙
食用薰衣草：2 茶匙
甜品用装饰银珠：1 茶匙
（以上为 b）

桃色蒙迪安礼物： 掰成适当大小分装进礼品袋中，完成。

※ 哇哇哇

老师，这个花园真美啊！

现在是每年例行举办的感恩节聚会。

我还是第一次出席这种场合。

好多小朋友！

那边的大哥~哥！

老师您请。

拒绝

子给我看嘛。

哥哥你扮兔

嘻嘻

玩够了记得回这边来哦

兔子来了！！

哇哇哇哇——

Victoria Sandwich Cake

※ 顺滑——

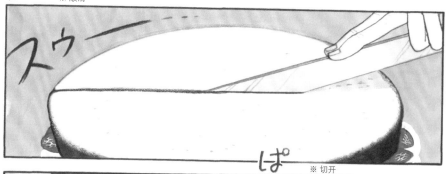

スウー

ぱ

※ 切开

がっ

哇，金黄的！不愧是放足了蛋黄。

Victoria Sandwich Cake

大兔子来啦！

春天了呢……

呀——

为什么你这个助手在吃？

这个小妹妹说，『不让哥哥吃哥哥好可怜』。

黏人～

口感绵稠！

细腻！有弹性！

好吃啊——

Recipe10 维多利亚夹层蛋糕

　　每一年，越过寒冬就迎来万物复苏的春天。说到庆祝生命回归的祭典，一定不能不提复活节。传统复活节的风物是象征着生命力的鸡蛋。不论哪个时代，每到复活节，孩子们都热衷于在庭院里玩找彩蛋的游戏。我小时候也非常喜欢这个游戏。

　　即使不是复活节，我也推荐把海绵裸蛋糕夹奶油和新鲜草莓做的维多利亚夹层蛋糕作为春日茶余甜品。维多利亚女王独爱的这款蛋糕，糕体的做法各家有各家的秘方。今天要分享的配方是我的祖母传授给我的。金黄色的蛋糕（a），颜色就像蒲公英的花朵，口感绵软度恰到好处。配料里用了充足的蛋黄，正好呼应复活节的寓意。

1 将 A 的材料混合过筛。在蛋糕模具内壁抹上融化的黄油后，用面粉筛筛进低筋面粉（食谱份额外），让面粉均匀地附着在模具内壁，倒去多余的面粉。在模具底部垫上烘焙纸。

2 取一个干净的盆，盆中放入黄油、糖、刮出的香草籽，用打蛋器打至混合物蓬松发白，分次加入蛋黄，混合均匀。

3 往 2 中分三次加入 A 和牛奶，一边倒一边用刮刀混合均匀（b）。最后将蛋糕液倒入模具，用刮刀平整表面（c）。放入预热至 170 摄氏度的烤箱，烤制 30—40 分钟。待蛋糕大致冷却后，脱模，倒放在烤架上直到蛋糕完全冷却。

4 用刀将 3 的蛋糕坯从中间横切成两片。取一个干净的盆，倒入奶油和糖，将奶油打发至八分。草莓划十字切开。取 2/3 打发好的奶油涂抹在底层蛋糕的表面，上面放草莓块，再将剩下的 1/3 奶油抹在另一面蛋糕上（d），盖上。最后用面粉筛在表面筛上糖粉。

材料（一个直径 15 厘米的活底蛋糕模的分量）

· 金色蛋糕坯

A ┌ 低筋面粉：120 克
  │ 盐：一小撮
  └ 泡打粉：1 茶匙

无盐黄油：100 克

糖：100 克

香草荚（取籽）：3 厘米

蛋黄（常温）：5 个

牛奶（常温）：80 毫升

· 蛋糕装饰

奶油（乳脂含量 45%）：200 毫升

糖：2 茶匙

草莓：1/2 盒

糖粉：1 汤匙

Hot Amazake with Fried Dumplings

※ 滋拉——

炸的时候油温控制在 160 摄氏度。

刚出锅的油炸丸子放进热好的甜酒汤里⋯⋯

要小心，油会溅出来。

啊啊，好吓人。

没有人喜欢吧。

我最讨厌炸东西了。

搅 搅

翻面

※ 热气

唔——好暖。

我好像要醉了。

甜酒不是酒哦。

可以一直吃下去

上面撒的是什么？

混合坚果碎。

混合坚果在便利店就可以买到

45

Recipe11 油炸糯米丸子和甜酒汤

最近还是有点冷呢。大家如果觉得冷的话，一定要多穿点。另外，吃一点暖身子的食物也有助于我们的身体抵御寒冷。我推荐不含酒精的热甜酒汤。

因为甜酒汤本身的质地就比较浓稠，里面再加入炸过的糯米团子，一道简单又独特的暖心日式浓汤就做好了。将糯米粉搓成小丸子，入锅炸过之后变得蓬松酥脆，表面再撒上足量的坚果碎，就成了一道令人难以抗拒的美食。

稍微插一点题外话。一直以来，甜酒汤都是炎炎夏日里人人皆爱的消暑饮品，是消除疲劳的灵丹妙药。在江户时代，街上卖甜酒汤的摊位是夏日才有的光景。所以，如果在夏天享用这道甜品的话，就把甜酒汤提前在冰箱里冰镇好，吃的时候放入炸好的糯米丸子，同样非常好吃。

喂，K君，是不是太多了？炸丸子放一半就好！

Popover

Agar

Chestnut
Soboro

Pancakes

Watermelon

Mendiant

Coconut Pudding

Cupcake

Almond Jelly

Frozen
Sangria

Galettes

Drömmar

Steamed Buns

S'mores

week-end

Tartine

Hot Amazake

Root
Vegetables

Shaved ice

Fruit Sandwich

Far Breton

Sandwich Cake

Frozen
Corn Soup

Meringue

Peach Cobbler

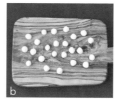

1 混合坚果用刀切碎。

2 糯米粉放进盆中，加水，用手搓揉成团。

3 把 2 放在砧板上，用手揉成长 30 厘米左右的长条，用刀
先切成 4 等份，再把每份对半切开，最后把每个剂子切 3
等份。这样就能得到大小均匀的 24 份小面团（a）。

4 把 3 的小面团放在掌心，搓成丸子（b）。

5 用一个小的炒锅，或者炸锅，倒入 2 厘米深的油，以 160
摄氏度油温低温炸 4 的丸子，一批炸 4—5 分钟（c）。小
心不要被溅起的热油烫伤。

6 看着丸子膨胀起来，表面炸成淡淡的金黄色时，将其捞
出，滤掉多余的油后放进盘子里。大方地撒上 1 的坚果碎。
在食器里倒入热好的甜酒，放入炸好的丸子。开吃。

* 如果是用无盐的混合坚果的话，坚果切碎后可以拌入 1/4
茶匙的盐。

材料（可做糯米丸子 24 个，
2 人份）

市面上卖的混合坚果包
（含盐）：20 克

糯米粉：40 克

水：3 汤匙

油：适量

甜酒（无酒精型）：
300 毫升

Veggie Pancakes

① 先切掉尾端。

利落

香蕉要这样切，切出来才好看。

趁着饼在煎的时候给你示范一下

※滋—

② 剥去朝上一面的皮。

轻轻一剥

③ 竖着下刀，切片。

这样切的话就不用担心黏到手上了。

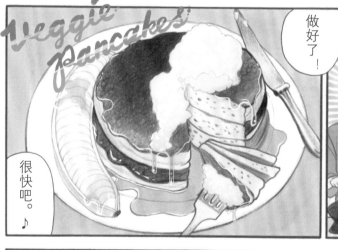

Veggie Pancakes

很快吧。♪

做好了！

老师，锅煳了。

※呀

糊了也好好吃。

一点也不腻，多少我都吃得下！

你不要安慰我了。

松松软软♡

大嚼

特嚼

sigh

49

Recipe12 无蛋配方的素食煎饼

春眠不觉晓。刚才午睡时做了一场美梦，梦里自己熟练地施展着高空抛转煎饼的技巧。煎好一面煎饼抛到高空中翻个筋斗，划出优雅的曲线后稳稳地落在平底锅中央。明知道现实里是不可能的，但实现这样一次华丽的翻转难道不是全人类的梦想吗？不过，实际操作时，用锅铲轻轻将煎饼翻面才是让煎饼蓬松的诀窍。千万不能像梦里一样随便抛到空中。

今天我要推荐的甜品是不用鸡蛋的煎饼。你是不是觉得，煎饼里不加鸡蛋的话可能不会变蓬松？大错特错，其实不加鸡蛋才更容易做出松软的煎饼。还可以用豆奶代替牛奶，用植物油代替黄油，做全素煎饼。把材料里的面粉量减半，替换成全麦面粉，风味更佳。如果觉得麻烦的话，可以全部都用低筋面粉，也可以按照个人口味加入玉米粉或者荞麦粉，都很好吃。煎饼是很随意的一款轻食，不需要很精细。只要遵守快速搅拌面糊这一法则，很容易就能煎出厚度为 1 厘米左右的松软煎饼。最后再佐上替代黄油的牛油果泥和香蕉，就成了一道素食甜品，也很适合当早饭吃。

1 做牛油果泥。将牛油果去掉皮和果核，取出果肉，加入1茶匙柠檬汁，用叉子捣成泥。

2 拿一根香蕉，横放在砧板上。切掉香蕉尾端，剥掉朝上一面的皮，用水果刀竖着下刀，把香蕉果肉切成片(a)。之后淋上1茶匙柠檬汁。

3 小火加热平底锅，在锅底抹一层油(食谱外的量)。

4 取一个干净的盆，放入原料A。用打蛋器混合均匀，令面粉混入空气(b)。

5 在4中倒入豆奶，大致将面糊混合均匀。注意不要搅拌过度，以防面糊起筋。之后再加入植物油，快速搅匀。

6 3的平底锅开始冒烟后，改成中火。用大勺将5的面糊倒入锅中。

7 待6的煎饼表面开始冒泡时，用锅铲轻轻地翻面(c)。煎至两面金黄。最后配上牛油果泥和香蕉，按照个人喜好撒上肉桂粉，淋上枫糖浆就大功告成。

* 这道甜品的关键是提前预热平底锅，面粉加液体混合好面糊后立刻上锅煎。

材料（可做直径约12厘米的煎饼3—4张）

· 煎饼

A
┌ 金砂糖：2汤匙
│ 全麦粉：40克
│ 低筋面粉：60克
│ 盐：1/4茶匙
└ 泡打粉：1.5茶匙
豆奶：120毫升
植物油：1汤匙

· 配菜
牛油果：1/4个
香蕉：1根
柠檬汁：2茶匙
肉桂粉：适量
枫糖浆：适量

戳 戳
戳 戳

戳戳戳

这很有趣啊。
我喜欢这样的工作。

我完全不行

K君，刚才拜托你清理梅子，你真就一心一意地一直做啊。

梅子山

雨打阳台薰衣草，低头紫雨好一阵。

青梅时节雨纷纷，手中绿珠戳几轮。

用词易虑……

R 先生有感而发的打油诗

不好意思，我正忙呢。

咚

竟然无视我。

头发长长了呢。

Shaved Ice with 3 Ume Cordials

装瓶后时不时摇晃一下瓶身，放两周。这就是梅子糖浆最经典的做法。

配方C

That's all!

简单吧！

最后把醋倒进去，再加上薰衣草。

刚摘的，洗干净。

哇，看起来不错。

梅子和冰糖像这样一层叠一层，放进瓶子里。

冰砂糖 クリスタル

梅子是当季的材料。趁上市的时候做上。等糖浆腌好了，正好到盛夏时节，用自制的梅子糖浆做刨冰吃最棒了！

A

with mint

如果是熟透的梅子，腌两天就够了。

B

这个用的是紫梅，只需腌五天。

with thyme

刚腌上的时候是最关键的。

老师您不会未来两周都一直盯着吧……

服了您了

有变化吗

唔

啊，糖开始化了

刨冰……！！

耶！！

糖浆做好了！

Shaved Ice with 3 Ume Cordials

怎么了？

没什么。

53

Recipe13 三种养生梅子糖浆的豪华夏日刨冰

日语里，用"梅"字加上一个"雨"，表示 6 月的梅雨时节，暗示着这是处理梅子的最佳时机。我作为一位声名远扬的梅子爱好者，今天一鼓作气，教大家做三种口味的梅子糖浆。

如果是用熟透的梅子，推荐切碎后做 A 配方。两天后就可以得到香气四溢、梅子味浓郁的糖浆。

B 配方适用于任意一种梅子。冷冻的方式有利于破坏梅子的细胞结构，加快果汁的析出，因此这个配方的腌制时间只需要五天。如果用日本紫梅的话，糖浆做出来是漂亮的粉色。

C 配方是一直沿用至今的传统做法。青梅的味道干净、温和。用叉子在表皮上戳几个孔，和冰糖一起放进玻璃瓶。等果肉慢慢变软，两周后即可食用。

这几款糖浆之所以叫作"养生糖浆"，是因为加了香草和醋。它们不仅与梅子很搭，还有利于身体健康。K 君非常喜欢把糖浆淋在刨冰上。除此之外，还可以兑苏打水、啤酒、气泡水。

a　　　　　b　　　　　c　　　　　d　　　　　e

三种配方都需要提前做以下准备

梅子洗净后晾干水分，用竹签去蒂（a）。

* 在选择腌制容器时，注意铝制的东西碰到梅酸会发生化学反应，不建议
  使用。

A　熟透的梅子和薄荷的糖浆

将1千克熟透的梅子用刀粗略切碎后，连同皮和果核放进干净的玻璃瓶里，
放入1千克细砂糖、50毫升米醋，用木铲搅匀。等梅子出水后，放入约20
根薄荷枝（b），静置一天。待糖溶化后，将梅肉倒入滤网，用木铲按压过滤
（c）。滤出的糖浆倒入锅中加热到临近沸腾，捞掉浮沫，再重新装入瓶中。

B　紫梅和百里香的糖浆

取一个干净的玻璃瓶，按照一层叠一层的方法，交替放入冷冻后的1千
克紫梅、1千克冰糖（d：照片上的用量是配方的四倍），加入7根百里香
（e）、50毫升米醋。静置五天，待梅肉变软后（f），倒出。用滤网按压过
滤后，再次放入瓶中。

C　青梅和薰衣草的糖浆

准备1千克青梅，用叉子在每个梅子表面戳几个孔；将15根薰衣草绑成
一束（g）。取一个干净的玻璃瓶，一层叠一层交替放入梅子和冰糖，放
入薰衣草（若用干薰衣草碎，加入2汤匙的量），50毫升米醋（h：照片
上的用量是配方的两倍）。每天都将瓶身轻轻晃动一次。大约两周后梅
子变软，用滤网按压过滤，之后再次放入瓶中。（i）图中，从右往左依
次是A、B、C。

f　　　　　　　　g　　　　　　　　h　　　　　　　　i

豪华夏日刨冰

取一个大的玻璃食器，
削一座刨冰小山，淋上
三种梅子糖浆。几个人
分着吃的话，还能各自
挑自己喜欢的味道吃。

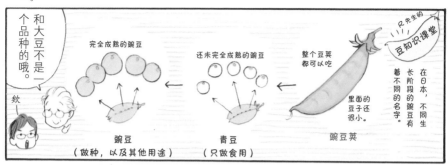

Recipe14 冰镇青豆甜汤配寒天

　　最近正是青豆上市的时节，不知道你喜欢怎样的青豆做法呢？焖饭、炒菜、拌沙拉或者是盐煮……这些都是常见的做法，但其实青豆放在甜品里也很不错。

　　青豆煮到用手轻轻一按就成泥的柔软程度，之后淋上用糖水做成的甜汤，这个吃法实在美味。为了防止煮好的青豆表面起褶，一个好方法是，煮好青豆后，盖上锅盖放至冷却，避免豆子和空气接触。也许你有点难以想象青豆甜汤的味道。可以参考一下亚洲其他地区的甜品，比如，泰国、越南和中国等地常见的刨冰、甜汤类甜品，都会加各式各样的甜豆，吃起来都美味极了。青豆甜汤和它们有点像，青豆汤煮出来有着独特的清香味，是这道甜品的别致之处。这一次我加了手工做的寒天。K君费了好大的功夫才把天草给洗干净了，吃进口的味道完全对得起他的一番辛苦。不过，用省事的寒天粉或者寒天条就能做得很好吃。一次性多做一些青豆甜汤和寒天，放进冷藏室冰镇，这样随时都能轻松享用。

1 锅中放入寒天和盐,加入 500 毫升水,上炉烧沸 3—5 分钟,
   煮开后倒入模具,大致冷却后放入冰箱冷藏。

2 锅中放入青豆和一小撮盐,加入没过青豆的水(配方外),
   中火加热。

3 煮开后,撇去浮沫(b)。转至小火,注意不要让青豆表皮
   煮破,保持水开的状态,煮 15—20 分钟。

4 待青豆煮到用手能够轻轻按成泥状的柔软程度,加入蜂
   蜜和糖,全部溶化后关火。为避免煮好的青豆接触空气,
   将烘焙纸剪成适合锅的大小,盖在青豆汤表面,将汤静置
   冷却(c)。大致冷却后,将青豆汤倒入密封容器中,放进
   冷藏室冷却。

5 用勺子像捣碎大冰块一样挖出寒天(d),放到食器里。倒
   入 4 的甜汤,根据个人喜好加入柠檬片、枫糖浆,适当调
   整甜度。

* 把枫糖浆换成红糖浆也很好吃。

材料 (分量依照个人需求)
寒天粉: 1 包(5 克)
盐: 一小撮

· **青豆甜汤**
青豆: 去壳后 200 克(a)
盐: 一小撮
蜂蜜: 3 汤匙
糖: 50 克
柠檬片: 1 人 1 片
枫糖浆: 适量

a

b

c

d

Recipe 15 帕玛森奶酪和柠檬风味的蒸蛋糕

※咕噜咕噜（K君的肚子）

→ 夏天剪短了头发。

已经三点了。

我肚子饿了。

哎呦，你什么时候开始变得这么直接了。

啊哈哈

咕噜咕噜

我现在来上班之前都不吃午饭的。

我还是第一次遇见你这样的助手。

脸红♥

嘿嘿嘿嘿

大致拌匀，装进杯模里。

上笼蒸就好！

开大火

30分钟后就做好了。

杠杠地！

Steamed Cheese & Lemon Buns

※啪

※哈哈哈哈哈

※喘气

 Recipe15 帕玛森奶酪和柠檬风味的蒸蛋糕

看样子梅雨季终于要接近尾声了，希望今年能有一个快乐的夏天。在阴雨连绵的午后，感到肚子饿的时候不妨做一个既简单又能马上填饱肚子的蒸蛋糕吧。

蒸蛋糕有好几种类型。我个人偏好蒸的时候蛋糕顶部会像花瓣一样绽开的款式。从我多年的经验来说，要想蛋糕最后能够开出漂亮的"花"，必须做到：第一，注意不要搅拌过度。面粉糊质地轻盈才能保证蒸出来足够松软。第二，不加鸡蛋的面粉糊比加了鸡蛋的要更容易开裂。

另外，还有一点非常重要：一定要开大火蒸。蒸汽不足的话蛋糕也不会开裂。帕玛森奶酪和柠檬是我非常喜欢的组合，这个口味的蒸蛋糕和酒很配，可以说是一道"成熟"的甜品。

1 用搅拌器将低筋面粉和泡打粉充分混合均匀。

2 在另一个干净的容器里放入牛奶和细砂糖,用打蛋器搅拌至细砂糖溶解。将柠檬皮末和25克现磨帕玛森奶酪混合后缓缓倒入1中,大致搅拌均匀。加入橄榄油,做一个快速打圈的动作迅速和面糊混合均匀。

3 准备两个茶匙。用一个茶匙舀取 2,再用另一个茶匙把舀取的面糊刮落到模具中。每个模具里面糊装八分满(b)。

4 将 3 放进已经上好蒸汽的蒸笼里,开大火蒸 25—30分钟(c)。前 15 分钟不要打开笼盖。蒸好后表面撒上剩余的 5 克帕玛森奶酪碎。

* 若没有可现磨的帕玛森奶酪,可用市面上的奶酪粉代替。根据个人喜好撒一点柠檬皮末(配方用量外)在蒸好的蛋糕上,也很美味。

材料(可做直径 6—7 厘米布丁模具大小的蛋糕约 5 个)

低筋面粉: 150 克

泡打粉: 2 茶匙

牛奶: 150 毫升

细砂糖: 70 克

现磨帕玛森奶酪:

　25 克 +5 克

柠檬皮末: 1/2 茶匙

橄榄油: 2 茶匙

(以上见 a)

提前准备

大锅里装八分满的水,放上蒸笼,开大火等水煮沸。

a

b

c

R先生的英国手绘餐具藏品展

哇，好多盘子！

……你这算什么反应？K君，

你别碰！！

很快，就好，放着我来擦

你粗手粗脚的，不准碰！

啊

这些都是要擦的吗？这是我这个助手的工作吧？

什么？老师你愿意交给我做吗？

我会在这里监督你的。

快，赶紧动手

今天家里有很多桃子。

我现在挪不开手。

今天的甜品就由你来做吧。

Crispy Peach Cobbler

在耐热的食器里，放进提前腌好的桃子。

大概就好

酥皮的面团放在上面。

大概就好

用烤箱烤 40—50 分钟

最后放入烤箱，完成。

洗洗碗收拾一下，很快时间就到了

大概就好

※ 喀沙

配上打发的淡奶油。

Crispy Peach Cobbler

完成！

烤熟的桃子真好吃。

淡奶油、柠檬，一个都不能少。

※ 好吃

果然这个甜品就是要做随便一点才好吃。

我真是个天才。

喀沙 喀沙 嗯 不错 不错

最后的摆盘交给我，你别碰！

别动！

Recipe16 焦脆桃子酥

　　大家做好防晒了吗？烈日当空的这个季节，我随身都带着墨镜。要多多注意紫外线哦。

　　虽然夏天是清凉甜品的主场，但温热的甜品不仅好吃，还对胃好，也是不错的选择。用桃子做的焦脆桃子酥是我的最爱。最近正是当季水果的白桃价格便宜，不妨一试。

　　peach cobbler 简单来说就是烤桃子。把它当成甜品版的焗饭，应该就好理解了。cobble 的意思是鹅卵石。铺在桃子上的一层酥皮凹凸不平，就像是铺着大小不一的碎石的路面。这道甜品由此得名。酥皮不用黄油，而是用淡奶油简单制成，烤好后非常酥脆。这道甜品做得随意才能充分展现它的美味，所以我干脆让 K 君来做。就有这么简单！桃子放在水龙头下一边用水冲，一边用掌心轻轻地擦拭，就能去掉表皮的绒毛。我一般都带皮一起烤。当然，你还可以加其他想吃的水果。这道甜品就是这么自由随意。自由万岁！

1 白桃一边用水冲，一边用手掌轻轻擦掉表面的绒毛。带皮切开，取出核。将桃子和原料 A 用刮刀混合均匀，放入耐热容器中（b）。

2 取一个干净的盆。把除了淡奶油之外的酥皮原料混合后过筛进盆，然后倒入淡奶油，用刮刀粗略搅拌均匀（c），铺在 1 上。放入预热至200 摄氏度的烤箱里，烤 40—50 分钟。

3 用勺子挖出刚出炉的桃子酥，盛入盘中。将淡奶油打发至七分（d），加入柠檬皮末，混合均匀。装盘。

材料 （可做规格为 20 厘米 ×16 厘米，深 6 厘米的耐热食器 1 份量）

　　白桃：3—4 个

　　淡奶油、柠檬皮末：适量

　　┌ 蓝莓：150 克

　　│ 金砂糖：3 汤匙

A　│ 低筋面粉：3 汤匙

　　│ 柠檬汁：1 汤匙

　　└ 香草荚（取籽）：4 厘米

· 酥皮

低筋面粉：200 克　　盐：一小撮

泡打粉：2 茶匙　　金砂糖：2 汤匙

肉桂粉：1/3 茶匙　　淡奶油：130 毫升

（参见 a）

a

b

c

d

R先生，您不游泳吗？

能在私家泳池里游泳，太幸福了。

哇啊——

老年人光是晒太阳就很消耗体力了。

差不多到甜品时间了。

打开

今天的甜品是最适合大热天的简单一品。

……您还放了榨汁机在保温箱里？

怪不得那么重

68

Frozen Corn Soup with Half Boiled Egg

把提前冷冻好的玉米浓汤冰块和少许牛奶放进榨汁机，按下搅拌键就完成了。

变成冰激凌一样的质地后，盛出来装盘，再配上鸡蛋和欧芹。

浓稠～

Frozen Corn Soup with Half Boiled Egg

真是绝妙……

甜甜的玉米吃起来冰冰凉凉，和鸡蛋拌在一起，味道

咀嚼

滑溜溜

超好～吃！

不快点吃就化掉了哦。

我想慢慢品尝啊——

可是……

一大勺～

这之后要开始工作了对吧？

您叫我来是帮您准备下午的餐食吧？

难道只有这个？

谁叫天气这么热。

69

LATE
SUMMER ^{Recipe}17 玉米浓汤冰激凌配半熟蛋

玉米的美味前线在北方。初秋时节的玉米，最佳产地要数东北地区[†]和北海道。在初秋残暑未退的午后，来一份冰镇的正餐类甜品怎么样？

玉米这种作物实在是身怀十八般武艺。加工方式不同，可以做成粉，做成糖，还能做成酒。生玉米可以煮玉米饭，不仅煮，烤着吃也很美味。虽然属于谷物类作物，但本身带着甜味。在东南亚地区，人们会拿玉米来做甜品。万人皆爱的玉米浓汤冷冻后放到榨汁机里打成冰激凌状，就成了介于正餐和甜品之间的一道甜食。一次多做一些玉米浓汤，把它们冷冻起来，肚子饿时拿出来再加工一下就可以享用，实在是方便极了。做好这道甜品的关键在于：洋葱要耐心地多炒一会儿；榨汁机不要一直转，时不时停下来，用木铲拌匀；牛奶要少量多次倒入。重复这个过程，直到浓汤的质地变成冰激凌一般浓稠丝滑。最后搭配的香草可以是欧芹、罗勒、薄荷，根据个人喜好选择。煮鸡蛋最好煮到流心的程度。溏心鸡蛋拌玉米浓汤，美味程度难以言表，一定要试试。

† 日本东北地区是指本州岛东北部，通常包括青森县、岩手县、宫城县、秋田县、山形县、福岛县。

70

1 用菜刀切下玉米粒。在锅中加入橄榄油，等油温热了之后放入切碎的洋葱，炒至透明。加入玉米粒和盐，翻炒大约 2 分钟（a）。加入 150 毫升水，煮 5 分钟左右盛出冷却。

2 将 1 放入带有封口的保鲜袋中，平放着冷冻（b）。

3 将冷藏的鸡蛋与冷水一同入锅，煮 7 分 30 秒。捞出放入凉水中冷却，去壳。

4 欧芹切碎，撒在 3 上。连食器一起放进冷冻库降温。

5 从 2 的袋中取出冷冻好的玉米浓汤，用菜刀切成 3 厘米的方块，放入榨汁机（c）。少量多次倒入牛奶（牛奶的总量不要超过 80 毫升），用榨汁机打至冰激凌一般绵稠的质地。

6 拿勺子挖出 5，盛入食器的一侧，另一侧放上 4，撒一点黑胡椒（d）。吃的时候用勺子划开鸡蛋，将玉米浓汤拌着蛋黄一起吃。

材料 （2 人份）

玉米：1 根

洋葱：1/4 个

橄榄油：1 汤匙

盐：1/4 茶匙

水：150 毫升

牛奶：50—80 毫升

鸡蛋：2 个

欧芹：4 根

黑胡椒：适量

啊——捡栗子真
是麻烦死了。

我最讨厌户外
运动了。

穿得又土，
还累！

别发牢
骚了，这是你
的工作。

我
的工作是
拍照好
吗！

哼

臭屁孩

你故意找碴
儿是吗！

笛手生来适合
你儿这造种

咚

吓

别吵啦！
看，我给大家
做了便当。

Chestnut Soboro Bento

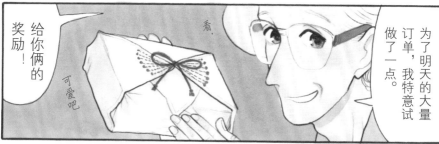

为了明天的大量订单，我特意试做了一点。

看，

给你俩的奖励！

可爱吧

Chestnut Soboro Bento

谢谢老师的奖励。

待会儿回到家也拜托你们了。

回到家处理栗子的事也拜托你们了。

什么？！

你要负责开车送我们回去吧。

我要洗个澡

唔——好香♡

一番劳动后吃起来更香吧。

好吃——

狼吞

虎咽

73

Recipe18 栗蓉饭团便当

　　秋天就要吃烤栗子、栗子涩皮煮[†]、蒙布朗……我还想做栗子酱的意大利面。不吃栗子怎么能迎接冬天的到来呢？

　　栗子含有丰富的维生素 A、维生素 B1、维生素 B12 和维生素 C，膳食纤维含量比红薯还要高，是非常优秀的食材（a）。可是在做这些美食前，一想到要剥生栗子的皮，麻烦程度就让人不禁打退堂鼓。既然如此，我今天就介绍一道不用去皮，直接煮好就能吃的栗蓉饭。煮好栗子后，用勺子挖出栗肉就行，省事很多。糯米也不用提前泡水，直接煮就可以。接着就是把煮好的饭和栗肉混在一起。单单做到这一步就已经成了一道豪华的甜品了。不过我来做的话，还要再加一道"化妆"的工序。揉成团的栗子饭，上面撒上满满的栗蓉，吃起来层次更丰富。温热的饭团，口感又软又糯，第一口却有着栗蓉的轻盈，想不好吃都难。

† 日本的传统栗子点心。带表层薄皮的整个栗子用沸水煮去涩后，再放进糖水里煮软后冷却。

74

KURIHIROI BOYZ

1 锅里放入栗子，再倒入刚好没过栗子分量的水，开中火煮到
   透芯，大概 30 分钟。

2 1 的栗子滤水后放置冷却。把栗子对半切开，用勺子挖出栗肉。

3 洗干净糯米，放入锅中。加一小撮盐、昆布，倒入 360 毫升水，
   盖上盖子开中火。等米浆沸腾，再转成小火煮大约 30 分钟，
   关火。

4 3 的米在锅中静置 10 分钟后，加入 2/3 量的 2，拌匀（b）。
   栗子饭等分成 12 份。手沾水打湿，手心上抹少量的盐，用
   手把栗子饭包成直径 5 厘米左右大小的饭团（c）。

5 食器放在大的托盘上，放入 4 的饭团，每个间隔一定空隙，
   然后用滤网筛入剩余的栗肉，在饭团上形成一层厚厚的栗蓉
   （d）。掉到托盘里的栗蓉用勺子舀出，重新撒到饭团上。

* 糯米不用泡水，直接放进锅里煮。如果用电饭煲煮的话请参
   照电器说明书上的要求。

材料（2—3 人份）
栗子：15 个左右
糯米：2 量杯
昆布：4 厘米一片
盐：适量

Recipe 19 塔希提双层椰子布丁

难得今天忘年会，大家聚在一起，我不能失态。

没事。

K君，你是不是喝多了？

你把它翻过来，然后装盘。

成年人专属的深夜甜品。

特意为吃过火锅后的大伙儿准备的

那这个任务就交给你了。

哈？我？

害怕

因为你握力很大呀。

哇

HAPPY HOLIDAY

本来打算我自己来的，但我相信你一定能成功。

听好了，一举定成败。如果失败就全泡汤了。

我这次做得很漂亮。你别搞砸了。

真的吗

76

Tahitian Coconut Pudding

别磨磨蹭蹭的！

啊啊啊，好可怕。

翻过来！

两手牢牢按压住餐盘和模具。

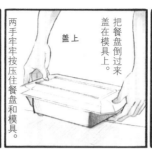

把餐盘倒过来盖在模具上。

盖上

让空气进入。

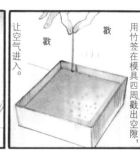

戳

戳

用竹签在模具四周戳出空隙，

垂直向上抬起模具。

滑脱

好！再轻轻地上下晃一晃。

轻轻摇晃

翻转

嚯啊啊啊。

成功了！

真棒！分层也很漂亮！

配上水果就大功告成啦。

刚才真的吓到人家了……

呜呜

你该不会是酒后爱哭那种人吧。

喂，

呜……

好开心！

※ 泪眼蒙眬

77

一年时光飞逝，转眼又到了 12 月。大家这一年辛苦了。朋友相聚在一起，开个快乐的忘年会吧。主菜的话，是吃热腾腾的火锅，还是具有异域风情的东南亚料理呢？如果是这样，我首推清凉系的餐后甜品。

塔希提椰子布丁是一款非常神奇的甜品。做法类似普通的布丁，将布丁液混合好后放进烤箱，但是烤出来却会自然形成漂亮的分层。虽然做法简单，却有着复杂的口感。上层是浓郁丝滑的布丁，下层是湿润绵软的椰肉碎，两层的口感和味道都不同。每个人随意取自己想吃的量，盛入盘中，一勺下去，两层布丁一起放进口中，你一定要试试看。焦糖的微苦在口中缠绵，别有风味。做这道甜品的关键在于制作焦糖浆：熬糖浆的时候要有耐性，慢慢熬煮，保证充分焦化，这样才能做出"成熟浓郁"的味道。在大家饭后闲谈之际，不经意地端上这盘点心，"专业甜品师"的称号一定属于你。

1 做焦糖浆。小奶锅里放入水和糖，煮开。等糖浆变成焦色，关火倒入热水。

2 等 1 停止沸腾后，倒入烤模中（b）。大致放凉后再放入冰箱，等待焦糖凝固。

3 盆里打入鸡蛋，用打蛋器打散。开中火，奶锅里加入牛奶、糖、香草籽。在加热的同时，用木铲搅拌至糖溶化，之后缓缓倒入蛋液中。

4 3 中加入椰肉碎，混合均匀，倒入 2 中。烤箱预热至 150 摄氏度，烤盘底部注入热水，放入装有布丁液的模具。隔水加热烤制 30 分钟。等布丁冷却后，放进冰箱冷藏。

5 参照第 77 页 K 君的脱模方法，取出布丁。配上切片的水果（d）。

材料 （15 厘米方形烤模 1 个的分量）

· 焦糖浆

糖：75 克

水：3 汤匙

热水：3 汤匙

· 双层塔希提椰子布丁

鸡蛋：3 个

牛奶：390 毫升

糖：70 克

香草荚（取籽）：3 厘米

椰肉碎：100 克

菠萝、猕猴桃：适量

提前准备

烤模内壁涂一层黄油（配方之外）（a）。

哇，这么多种萝卜！

び——ん！

※咚——

老师你又一次买这么多。

昨天因为工作去了镰仓，路过当地的直销市场。我看颜色好看就都买啦。

这么多怎么吃得完

那快让我来试吃一下吧。

就这样直接啃吗？

救救！

那怎么可能。

K君，接下来看你的了。

Steamed Root Vegetables with Curry Dip

下一个登场的是，大家熟悉的蒸笼。

笑眯眯——♥

全部都切片！

Slice! Slice!

Steamed Root vegetables with Curry Dip

哇，热气腾腾的！

上笼蒸熟就完成了。

吃的时候蘸上咖喱蘸酱。

颜色也好看，很上镜哦。

来、茄子——

？

干吗？

instagram

Rsensei

Rsensei 今天的大使。吃饱了一整篮萝卜——#大蒸笼 #秋天啦

和咖喱蘸酱真是绝配！再多都不够我吃啊。

哇，好香！

咀嚼

咀嚼

咀嚼

咀嚼

唔——

暖洋洋哟

Recipe20 清蒸萝卜配咖喱蘸酱

寒风凛冽的冬季，一定不能没有温暖的小食。来一份清蒸萝卜，配上微辣的咖喱蘸酱，让身体从内到外暖一暖。相信这道菜一定能够让你打起精神来。

虽然胡萝卜和白萝卜在一年中哪个季节都可以买到，但是秋冬才是它们最好吃的季节。这时的萝卜，味道更加甘甜，不仅好吃，还有促进消化的功效。最近市面上出现了五彩缤纷的各种萝卜，光是摆在那里就赏心悦目。我年轻的时候可没有这些。红色、粉色、紫色、橙色、绿色、黄色、白色……就像是色彩斑斓的点心。只需放进蒸笼一蒸，看起来就像是一道大餐。趁有空时提前把萝卜切片，用保鲜膜包好放进冰箱，要吃的时候就不用再花时间准备。只需拿出来放进蒸笼码好，上火蒸熟，一道菜就完成了。很适合用来做忘年会聚餐上大家吃到中场时稍作休息的小菜。用蒸笼蒸的话，不论笼里是放满了食物还是只有一点点，都是 100 摄氏度，温度不会过高，也不会过低。这是清蒸这一烹饪方法的特点。只需注意将食材竖着放，这样蒸汽可以均匀地浸透食材。偶尔吃一吃不甜的甜品也不错呢。

材料 （可放入一个直径约 20 厘米的蒸笼的分量）

　　水萝卜、青萝卜、紫萝卜、红萝卜、胡萝卜、彩色
　　胡萝卜：共 700 克

· 咖喱蘸酱

　　马斯卡彭奶酪：100 克

　　无糖酸奶：30 克

　　蛋黄酱：20 克

　　咖喱粉：1 汤匙

　　孜然（粉）：1/3 茶匙

　　柠檬汁：1/6 个分

　　盐：1/3 茶匙

1　将萝卜洗净后，带皮刨成圆片（a）。

2　将 1 竖着码在蒸笼里，小片的萝卜填在空
　　隙里（b）。

3　锅中水烧开，放上 2，大火蒸 8—10 分钟。

4　在蒸的同时，将蘸酱的材料放在盆中，混
　　合均匀（c）。

5　取一个大盘子，连同蒸笼整个放上去，
　　旁边摆上蘸酱。吃的时候配上蘸酱一起
　　吃（d）。

Recipe 21 自制黑布朗果干和布列塔尼法荷蛋糕

老师早上好！
……

咦？

K君，你来啦。

早

老师，这是怎么一回事？

※乱糟糟

今天天气比较凉，我觉得正好适合清理一下冰箱。

老师您只是在逃避截稿日就要到来的现实吧。

呃

……不愧是我的徒弟。剩下的就交给我吧。

不过，你看，我刚才找到个好东西。

嘿嘿

Dried Plum Far Breton

这是什么？

去年拜托你腌制的黑布朗果干。

哦哦！

是有这么一回事

趁你整理冰箱的时候，我用它来做个好东西。

Dried Plum Far Breton

YES

看，做好了！

只要有这个，混合好各种材料然后放进烤箱就大功告成了。

欸——

冰箱也清理干净了，今天真是美好的一天。

非常浓厚细致的口感，太好吃了。

这个甜品能放上大概一周。

你想想还有什么其他的搭配。

配淡奶油和冰激凌都不错呢

截稿日别忘了。

明天再做，明天再做。

现在喝酒没关系吗？

今天收工了

Recipe21 自制黑布朗果干和布列塔尼法荷蛋糕

　　离有暖阳陪伴的日子还有一段时间。天气冷的日子里，不妨用面粉和果干做一些既好吃又易于储存的甜品吧。

　　布列塔尼法荷蛋糕是法国布列塔尼地区的传统点心。它的做法十分简单，只需要混合好所需食材，然后放进烤箱。这个甜品属于法式布丁蛋糕（flan）的一种，口感细腻绵密，好吃得让人食过难忘。

　　布列塔尼法荷蛋糕的传统做法是在蛋糕液里加入用朗姆酒腌的西梅果干，而我做的稍微有点不一样。我的布列塔尼法荷蛋糕里放的是夏天自己腌制的黑布朗果干。每年8月左右上市的新鲜黑布朗如同夏天的宝石。趁着应季价格便宜时买个一两袋，用烤箱烤到水分挥发后，用糖和朗姆酒腌渍，一道美味的腌渍果干就做好了。在寒冷的季节享受夏天的恩惠，这是千金难换的奢侈。今年夏天一定不要忘了做哦。当然，用市面上卖的西梅果干也能做得很好吃，不妨先用它试着做一下。

1　腌渍黑布朗果干。将黑布朗对半切开，保留果核，切开的一面朝上，平铺在放了烘焙纸的托盘上，放入预热到 100 摄氏度的烤箱里，烤 2 小时 30 分钟（a）。在烤箱里放凉。

2　把 1 放在储存用的玻璃瓶中，加入金砂糖和朗姆酒。放入冷藏室，腌渍 10 个月左右。

3　准备做布列塔尼法荷蛋糕。在耐热容器的内壁涂一层黄油（配方外）。将烤箱预热至 180 摄氏度。取一个干净的盆，放入鸡蛋、糖、香草籽、盐，用打蛋器搅拌均匀。筛入低筋面粉，混合到蛋糕液质地顺滑。

4　将淡奶油和牛奶缓缓倒入 3 的蛋糕液中，混合均匀后倒入烤制容器，撒上去核后的黑布朗果干（b）。

5　放入烤箱，烤制 40—60 分钟，至表面呈现焦黄色。取出放在烤架上自然冷却（c）。切分好后，表面撒一层糖粉。放入冰箱冷藏，保质期为一周时间。

*　如果是用市面上卖的西梅果干来做的话，在 180 克西梅果干里加入 2 汤匙朗姆酒，静置 30 分钟后，从 3 开始做即可。

材料 （直径约 18 厘米的耐热容器 1 个量）

·**黑布朗果干**（依据个人需求调整放入的量）

黑布朗：15—20 个

金砂糖：80 克

朗姆酒：120 毫升

·**布列塔尼法荷蛋糕**

黑布朗果干：180 克

鸡蛋：2 个

金砂糖：70 克

香草荚（取籽）：2 厘米

盐：一小撮

低筋面粉：80 克

淡奶油：200 毫升

牛奶：200 毫升

糖粉：适量

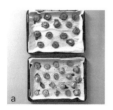

※ 一大堆

哇，好多柠檬！

上周我被邀请去摘柠檬了。

为了庆祝即将到来的美好周末的

我来烤一个完美的茶点……柠檬蛋糕。

在做这种质地比较稀的蛋糕液的时候，

坑，再往里倒液体

在面粉堆中间挖一个

搅拌时要特别注意不要让面糊结块。

用打蛋器一点一点把周围的面粉混合进去。

这样不容易使面糊结块。

面粉

液体

R 先生的豆知识课堂

Week-end au Citron

※ 黏稠

烤好后，趁热涂上柠檬糖霜。

糖霜冷却后，吃起来口感会变得脆脆的！

※ 放一晚，能够充分入味。

一晚

味を
おちつかせ
ます。

期待
期待

终于到周末了。

Week-end au Citron

※ 沙……

配红茶也很合适哦。

这简直是最棒的周末了。

しょりりり…

嗯！外面一层是浓浓的柠檬味，里面的蛋糕绵软细腻。♡

もふっ

もふっ

もふっ

※ 一口又一口

89

Recipe22 周末的柠檬蛋糕

　　大家周末有什么计划吗？我上周末去了熟识的果园摘柠檬。柠檬的香味沁人心脾，独特的酸味也让人着迷。

　　今天我向大家介绍一款非常适合周末享用的柠檬蛋糕，只需半个柠檬就可以做好。在日本，这款蛋糕被人们称为周末蛋糕（weekend citron），它在法语里叫 week-end au citron。没错，它是来自法国的甜品。法语中的"week-end"来源于英语，后来变成法国口音在法国逐渐普及，如今已经成为法语词，普遍使用于日常生活中。享受悠闲周末时光，英式下午茶的司康配红茶组合固然让人憧憬，但这款柠檬蛋糕配红茶也毫不逊色。这款磅蛋糕，浅黄色的蛋糕里加了新鲜的柠檬皮末，散发着浓郁的柠檬香，表层裹上薄薄一层酸甜的糖霜，做好后放置一晚，等味道充分融合之后再吃。不外出的周末，家中有美味的甜品相伴就足够惬意了。希望这款蛋糕能带给大家一个愉快的周末。

材料 （18 厘米 ×7 厘米、高 6 厘米的磅蛋糕模具 1 个量）

无盐黄油：40 克

鸡蛋：2 个

细砂糖：100 克

酸奶油：60 克

柠檬皮末：1/2 个柠檬的量

柠檬汁：1 汤匙

糖粉：35 克

A ┌ 低筋面粉：100 克
  ├ 泡打粉：2/3 茶匙
  └ 盐：一小撮

提前准备

蛋糕模具里铺上烘焙纸。将黄油隔水加热融化，冷却到接近体温的温度。烤箱预热至 180 摄氏度。

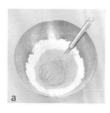

1 取一个中等大小的盆，打入鸡蛋后用打蛋器打散，加入细砂糖和柠檬皮末。混合均匀之后加入融化的黄油。

2 向 1 中少量多次加入酸奶油，用打蛋器混合到蛋液质地细腻。

3 取一个大盆，混合 A 中的材料过筛。在干粉堆中间挖一个凹陷处，向其倒入 2。用打蛋器一点一点搅进周围的面粉（a）。少量多次一点点地混合，避免结块。

4 将 3 倒入模具，用刀在蛋糕表层的中间划一刀（b）。将模具放在烤盘上，放入烤箱烤20 分钟后，再转到 170 摄氏度烤 15 分钟。

5 混合柠檬汁和糖粉，做成柠檬糖霜。4 烤好后，迅速脱模，剥去烘焙纸。趁热用刷子在整个蛋糕表面刷上柠檬糖霜，静置等待糖霜凝固（c）。

Recipe 23 车厘子和哈密瓜的水果三明治

老师，配送都完成了。

好热，已经到夏天了。

两位辛苦了。

今天的甜品刚做好。

有东西吃了！太棒了！

你该不会每天都缠着老师给你做吃的吧？

谁叫K君是甜食党，胃口也好。

是的。

老师从来没有对我这么好过……

臭老头儿……

你说什么？

没什么

对不起

做法很简单，大家一起来做吧。

要保证奶油把水果包起来哦，否则水果的水分会渗到面包里去。

我先去睡一下吗？

等做好了再叫我。

你这家伙！

92

做好了！

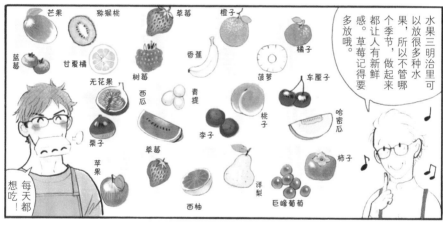

水果三明治里可以放很多种水果，所以不管哪个季节，做起来都让人有新鲜感。草莓记得要多放哦。

芒果　猕猴桃　草莓　橙子
蓝莓　甘夏橘　橘子
无花果　树莓　香蕉　菠萝　车厘子
西瓜　青提　桃子
栗子　李子　哈密瓜
苹果　草莓　柿子
西柚　洋梨　巨峰葡萄

每天都想吃！

唔～吃起来很清爽。搭配越简单，越能凸显出每种食材本身的美味。

为什么嘴里吃着美味食物的时候，眼睛也忍不住一直看着呢？

嚼　嚼

虽然很不甘心，可味道真不赖。

剩下的就是让K君考个驾照，这样就完美了……

我又不是司机

你不要躺着吃东西！

嚼　嚼

Recipe23 车厘子和哈密瓜的水果三明治

空气里开始有了夏天的爽朗。到了适合散步的季节呢。做一个能够饱嗜初夏水果的美味甜品怎么样？

比如，做一做我们家 K 君的最爱：水果三明治。这个没人能抗拒的甜品，在家就可以轻松完成。夹着草莓、香蕉或者橘子等水果的水果三明治是日本传统咖啡店菜单中的经典甜品。不过最近的水果三明治中，水果种类越来越多。如果是自制的话，最好用当季的水果。脆脆的车厘子和柔软的哈密瓜组合，口感精致又成熟。这道甜品的独家配方是，加一点酸奶。把过滤掉多余水分的酸奶加入淡奶油里一起打发。这样奶油的味道会带有淡淡的酸味，吃起来就像鲜奶酪一般清爽。请务必试一下。把做好的三明治当作伴手礼送给别人，对方一定非常高兴。

材料 （可做水果三明治 14 份）

　　车厘子：11 个

　　绿心哈密瓜：1/6 个

　　三明治用薄片面包：14 片

　　乳脂含量 45% 的淡奶油：200 毫升

　　无糖酸奶：100 克

　　金砂糖：1 汤匙

提前准备

将酸奶倒入铺好滤纸的咖啡滤杯，放入冰箱冷藏室 1 小
时左右。滤出多余的水分（a）。

1　车厘子对半切开，去掉果核。哈密瓜去掉外皮和核，
　　切成厚 5 毫米左右的薄片（b）。

2　取一个盆，盆底部浸在冰水中。盆中倒入淡奶油、滤
　　掉水后的酸奶和金砂糖，用手持打蛋器打发，大概 7
　　分钟（打发至奶油开始形成尖角）。

3　取 2 中 1/4 的量放到一边备用。剩下的 3/4 用抹刀均
　　匀地涂抹在 14 片面包的一面上（c 右）。在 7 片面包的
　　中间放上 2 片切好的哈密瓜（c 左），再放上 3 块切好
　　的车厘子。

4　用抹刀取备用的 1/4 量的奶油，抹在 3 上，奶油要完
　　全盖住水果。盖上剩下的 7 片面包，用手掌轻微按压
　　使两面更好贴合。

5　用保鲜膜包住 4，放入冷藏室冷藏 20 分钟。取出，
　　用刀从三明治中间对半切开，装盘的时候切口面朝上。

*　使用乳脂含量高的淡奶油，奶油打发后水分不容易析
　　出，这样三明治放到第二天也很好吃。

*　将三明治用保鲜膜包起来放入冰箱冷藏，可以放到第
　　二天。吃的时候再用刀从中间对半切开。

※ 柠檬香桃、柚子皮、生姜、薄荷、红白萩花、萩叶

※ 香草叶、肉桂、柠檬皮、春姜黄……

※ 好！蓝莓叶、牡蒿、甜叶菊、菠萝、鼠尾草、肉桂叶！

Drömmar

※ 哗哗

用瑞典传统的德罗姆
配上费卡。

德罗姆？

费卡？就是甜品时间的意思。

※ 喀沙

又脆又酥！

真的和茶绝配。

有美味甜品和好心情陪伴的宜人午后，

也许真是魔法所赐。

这个香草茶也好喝得不得了。

怎么会？是用了魔法吗？

Recipe24 来自北欧的德罗姆费卡曲奇

总算完成了今天预定的工作，可以歇一口气。吃点费卡饼干放松吧。

费卡（fika）是瑞典语。瑞典有着很深厚的咖啡文化，fika 本是形容"享受咖啡时间"的词语。由于咖啡通常和甜品搭配享用，如今这个词自然而然带有"甜品时间"的意思。今天要介绍的德罗姆，在瑞典语里是"梦"的意思。这种曲奇在当地是很受欢迎的一款零食。当然，它配上咖啡更是像一场美梦。做法只需混合食材，把面团整形后放进烤箱。别看它工序简单，烤出来后独特的酥脆口感让人吃了一个还想吃第二个。在注重健康饮食的北欧地区，除了咖啡之外，人们还很喜欢喝香草茶（a）。如果要为之后的工作加油鼓劲，那么请选咖啡，如果想要放松身心，那么请选香草茶。这样的搭配美妙极了。

98

材料（可以做 24 块的分量）

　无盐黄油：100 克

　食用油（菜籽油、色拉油等）：1 汤匙

　金砂糖：70 克

　香草精：几滴

　低筋面粉：170 克

　小苏打：1/2 茶匙

提前准备

黄油在室温下软化。面粉和小苏打混合过筛。

1　用打蛋器把黄油打发至颜色发白，质地像奶油一般绵密。然后加入食用油和金砂糖混合均匀，加入香草精。

2　1 中加入过筛后的粉类（b）后，大致混合均匀。待面团变得质地柔滑后，适当整形，静置大约 30 分钟。

3　将 2 的面团 2 等分。每一份揉成长条状，再 12 等分，共计 24 份（c）。每分曲奇面团用手搓圆，间隔一定空隙平铺放好在垫有吸油纸的烤盘上（d）。放进预热至 160 摄氏度的烤箱烤 20—25 分钟。烤好后取出，放在烤架上冷却。

*　可以把配方中的小苏打换成泡打粉。

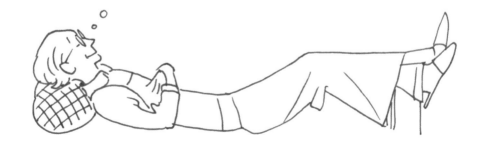

Recipe 25 生姜糖浆风味的杏仁豆腐

K君，今天的甜品时间换成台湾茶会风格怎么样？

啊？

台湾的朋友教我的。

虽然我刚入门，但是一点一点地收集用具，

选择茶器时也想着是否能用在茶会，

这样去发现新事物的过程真的很有趣。

R先生的随心茶器套装

和果子的黑文字†

意大利产意式浓缩咖啡杯碟

杯盖也有哦

迷你木铲

装北欧脆饼的白桦木盒

品茶从欣赏器物之美开始！

K君，你来演客人的角色。

唔...第一步要先热茶杯。再重新倒热水，这样香气才......

咦，下一步是什么？

第一泡好像要先倒掉？

这也记得太马虎了。

反正没有人知道正确的做法。

† 以黑文字木（乌樟木）削制而成的叉子或筷子。

我特意做了配茶的点心。

加了生姜，吃起来非常清爽！好温柔的味道啊。

滑进口中

杏仁豆腐♡~

晶莹爽滑

K君，你也要一起去哦。

正好帮我拿行李！

哇，好的！

这样一来，在台湾买的食材就全部用光了。又得去补货了。

哇—

去台湾吗？好棒！

101

SUMMER

Recipe25 生姜糖浆风味的杏仁豆腐

适当转换心情是必不可少的。大家差不多已经定了夏天的安排了吧？请个假外出去旅游也非常不错呢。

要说我的旅行愿望呢，那就是去国内外的美食之地。眼看着家中储备的食材差不多要用完了，正好可以借这个机会去中国台湾进行一次补货之旅。为了做今天的甜品，我珍藏的虎之子台湾茶和杏仁都用完了。用杏仁粉做成的杏仁豆腐带有温和的甜味，这款健康又美味的甜品非常适合在氛围悠闲的饮茶会上享用。如果有机会去台北的话，一定要在当地买去皮后掰成两半、颜色雪白的杏仁。不妨把它当作给自己的礼物。在最近兴起的有机食材店，或者是在卖中药的老药店里都能买到。用它来做的杏仁豆腐，味道好极了。在台湾，能用很便宜的价格买一大袋，因此我强烈建议在当地购买。用烘焙食材店里卖的粉状杏仁霜也能简单做出很好吃的杏仁豆腐。用杏仁霜的话，加牛奶可以让整体的味道更浓郁。

a　　　　　　b　　　　　　c

材料（4—6人份）

・**杏仁豆腐**
　南杏（甜杏仁）：150 克
　细砂糖：90 克
　吉利丁粉：10 克

・**生姜糖浆**
　生姜片：6 片
　金砂糖：50 克
　枸杞：10 克
　干银耳（如果有的话）：5 克

提前准备
提前一天把南杏泡水。

1　将南杏沥干水分，放入搅拌机里打碎成末。杏仁粉末中加入 800 毫升水，搅拌 3 分钟直到质地柔滑。（a）滤网上放一层纱布，放在一个干净的盆上方。将杏仁粉混合液倒入滤网中，提起纱布，使劲挤出杏仁汁，过滤到盆中。

2　锅中加入 1 的杏仁汁和糖，煮开 1 分钟后将锅端离火源，加入吉利丁粉搅拌至溶化。将混合液倒入托盘，待冷却至室温后放进冰箱冷藏 3 小时。

3　制作糖浆。锅中加入水 500 毫升、生姜、糖，煮开 3 分钟后放置冷却。枸杞中加入两勺糖浆泡发。银耳放在水里泡发，放到足量的沸水中煮 15 分钟，再次放入凉水中（b）。枸杞和银耳都放入冰箱冷藏。

4　用勺子挖出 2，淋上糖浆，再配上枸杞和银耳。（c）

*　如果没有南杏的话，可以在 800 毫升牛奶中加入 35 克杏仁霜和 80 克糖，搅拌溶化之后上火煮开，然后立刻关火。加入 10 克吉利丁粉，搅拌溶化后放置凝固。这么做也很好吃。

R先生的甜品时间

R先生的台湾补货之旅

R先生的台湾补货之旅

为了购买所需的材料，R先生和我来到了中国台湾。

这一次还有拍摄吧？

那肯定的，我可是甜品界的偶像呢。

啊哈哈哈哈

怎么好意思自己说出来。

R先生，您好！好久不见。

车马上就到了。

105

K君，你和Y君是第一次见面吧。

他是我们在台湾的向导。

请多多指教

我是R先生的助手K。

Y君在台湾还出过书。

我这次来是想买一些本地的食材。

包在我身上～

K君，你在台湾想做什么？

我想吃个痛快。

想一饱口福啊。

吃货最棒了！

那我们赶快去吃饭吧！

哇，门口摆着这么多菜品。

这些是叫作『小菜』的小凉菜。

我们在等主菜时会先吃点小菜来打发时间。

这是这家店的招牌菜『白菜炖鸡』。

是用鸡汤炖煮的白菜。

需要预约哦

哇，这肯定超级好吃！

用一整只鸡熬制的高汤富含胶原蛋白！一口喝下去透心暖，温养又派厚的味道犹如拉面里的白汤。鸡汤的鲜美沁人心脾……

哈哈哈哈哈哈

有意思。

具嘛……简直是玩

还好有那家伙在这里。

K君，你别光闷头吃呀，别忘了汇报感受。

为什么要汇报？

这是你的修行。

……

好好吃。

热乎乎

店员特意给我们每个人都盛到碗里。

感动

柳橙

凤梨

芭乐

当地人很喜欢的一种水果，甜甜脆脆的，很好吃！

西瓜

收尾是分量十足的水果盘。当地人非常喜欢吃水果。这里的水果水分充足，美味又健康。

晚饭后，我们去逛了「宁夏夜市」。

这家的豆花很好吃的。

对！

豆花？

哇，摊位上有好多水果。

现切新鲜水果

花生豆花

黑玉麻糍
白玉丸

黑心白玉豆花

柠檬豆花

豆花是用豆乳做成的甜品，口感鲜嫩，营养丰富。

最近在东京也经常见到豆花！

原来有凉的也有热的。

吃起来既不像豆腐也不像果冻，和杏仁豆腐也不一样。

好吃〜

干什么？

我发ɪɴsᵗ用。

交给专业的摄影师拍呀。

豆花酱，你好可爱哦，拍都拍了。

没事没事，拍都拍了。

我要拍了

カシャ

† instagram

※ 咔嚓

可以在店内二楼享用。

现在我们到了日本游客很喜欢的小笼包名店。

鼎泰丰在日本也有很多分店，

不过台北总店的味道别具一格，只有在这里才能吃到。

这里能用日语。

虽然很挤，但是店家不接受预约，大家一定要记得拿号排队♥

※ 热气腾腾

ほっこほっこ

太好吃了。

はふ　はふ

汇报一下。

大家记得留着肚子啊。

接下来才是我们今晚的正餐。

偷笑

薄薄的外皮包裹着热腾腾的汤汁和充满嚼劲的肉馅，汇成一首完美的交响曲……

火锅天国・台湾名店『长白小馆』的招牌菜：酸菜白肉火锅

啊啊啊——光是看着就要流口水了。

※ 咕嘟、咕嘟

吃太多了，好难受…

我们去另一家店吃甜品吧！

好！

不是吧？

自选蘸料

芝麻　芥末　韭菜
辣油　腐乳　蒜泥

· 芝麻　　· 芥末
· 韭菜　　· 辣油
· 腐乳　　· 蒜泥
等等

蘸料可以自己随意搭配。调配方法店内有说明（有日语版）。另外，香菜和香葱是可以随便加的。

猪肉油脂的香味和酸菜的酸味完美交融在一起，再配上独家配方的蘸料，带领你的味蕾进入未知领域……

妈妈，感谢您带我来到这个世界上。

这个感想…
厉害了。

哈哈哈哈

红豆　芋头　莲子

芋头莲子汤
芋头和莲子的甜汤。

百合莲子红豆汤
台湾的甜汤。里面放有百合根和莲子，口感清爽。

桂花莲子汤
飘着桂花香味的莲子汤。

吃起来很清爽，这个也是。

这个也给你吃。

这人疯了……

多少我都能吃。

这个也是。

饭后的甜品时间，我们去了酒店附近的甜品店『苦茶之家』。

最后的爆买时间

一转眼就到了旅行的最后一天。

青草巷
这里出售青草茶、苦茶等很多种类的药草。虽然新鲜的药草没有办法带回日本，不过光是走走看看也很有趣。

苦茶
味如其名，很苦。

手天品
手工糕点的店

手工凤梨酥
最好的伴手礼！

如意卷
卷状点心

比斯卡提
意大利饼干

让饱食后的身体放松一下

夏威夷养生行馆按摩时间

台湾的足底按摩也非常有名。

参考书籍
青木由香《台湾你好本子》

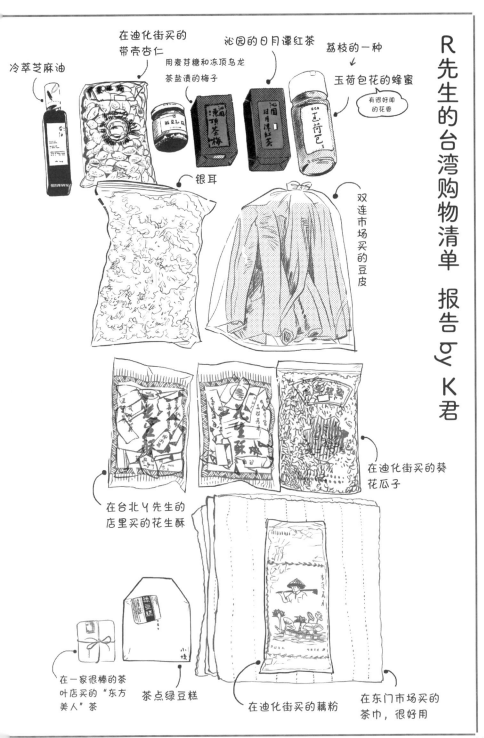

冷萃芝麻油

在迪化街买的带壳杏仁

用麦芽糖和冻顶乌龙茶盐渍的梅子

沁园的日月潭红茶

荔枝的一种

玉荷包花的蜂蜜
有很好闻的花香

银耳

双连市场买的豆皮

在台北Y先生的店里买的花生酥

在迪化街买的葵花瓜子

在一家很棒的茶叶店买的"东方美人"茶

茶点绿豆糕

在迪化街买的藕粉

在东门市场买的茶巾，很好用

R先生的台湾购物清单 报告 by K君

Y先生的店名：你好我好

114

冷榨的有机
花生油

送礼时分装
用的小瓶

在双连市场
买的芭乐和
青枣

* 这些不能带上飞机，
在酒店吃掉了。

在杂货店买的三
层搪瓷便当盒

台中特产"
日蜜麻花"

芒果干

罗汉果茶

芭乐果
干（在
丩先生
的店里
买的）

在双连市场
买的意面

北杏片

杏仁片

在有机食材店买的冰梅
肉（梅干）

香

西装笔挺的样子

孩子们的礼品叔叔

哇～好厉害

自来卷
戴眼镜
干净

咯吱

咯吱

有点驼背

性格温柔，身体强壮

前园艺师
K君

出自R先生之手的着装

热乎乎的
烤红薯

酒屋

K君的角色设定笔记

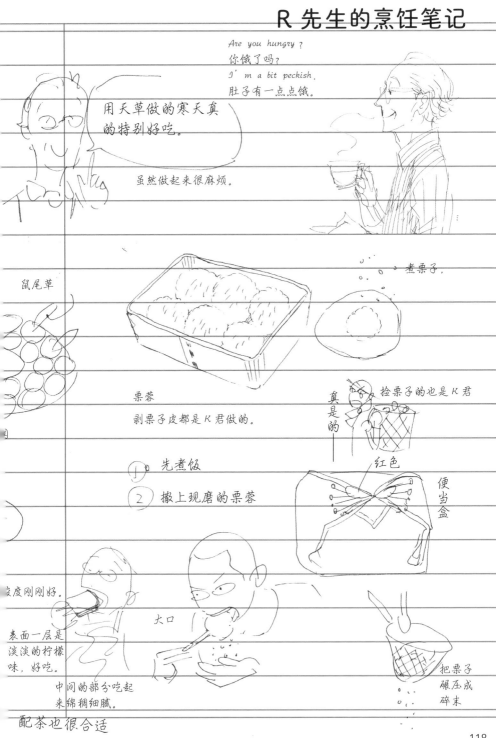

Are you hungry?
你饿了吗?
I'm a bit peckish.
肚子有一点点饿。

用天草做的寒天真的特别好吃。

虽然做起来很麻烦。

鼠尾草

煮栗子,

栗蓉
剥栗子皮都是K君做的。

真是的

捡栗子的也是K君

① 先煮饭
② 撒上现磨的栗蓉

红色

便当盒

度刚刚好。

表面一层是淡淡的柠檬味,好吃。

大口

中间的部分吃起来绵稠细腻。

把栗子碾压成碎末

配茶也很合适

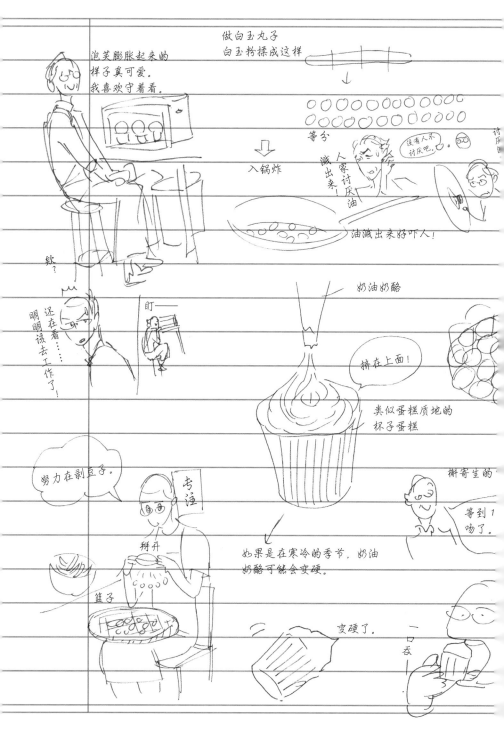

119

图书在版编目（CIP）数据

R 先生的甜品时间 /（日）云田晴子,（日）福田里香著；童桢清译 . —— 北京：新星
出版社，2022.2

ISBN 978-7-5133-4606-1

Ⅰ.① R… Ⅱ.①云… ②福… ③童… Ⅲ.①甜食－食谱 Ⅳ.① TS972.134

中国版本图书馆 CIP 数据核字（2021）第 221238 号

R 先生的甜品时间

[日] 云田晴子 [日] 福田里香 著　童桢清 译

策划编辑：东　洋		**装帧制作**：闫　鸽	
责任校对：刘　义		**日文版编辑**：上村晶	
责任编辑：李夷白		**装帧设计**：中村善郎（yen）	
责任印制：李珊珊		**摄影**：藤本昌	

出版发行：新星出版社

出 版 人：马汝军

社　　址：北京市西城区车公庄大街丙3号楼　　　100044

网　　址：www.newstarpress.com

电　　话：010-88310888

传　　真：010-65270449

法律顾问：北京市岳成律师事务所

读者服务：010-88310811　　service@newstarpress.com

邮购地址：北京市西城区车公庄大街丙 3 号楼　　　100044

印　　刷：北京美图印务有限公司

开　　本：880mm × 1230mm　　1/32

印　　张：3.75

字　　数：53千字

版　　次：2022年2月第一版　　　2022年2月第一次印刷

书　　号：ISBN 978-7-5133-4606-1

定　　价：78.00元